新100个基本

自我更新指南

〔日〕
松浦弥太郎
著

冷婷 译

九州出版社
JIUZHOUPRESS

目录

100 个工作基本

上一本书《100 个基本》出版之际，我正在《生活手帖》担任总编辑。每天制作《生活手帖》时，我都会忘我地思考什么是必要的事、不必要的事、应该做的事、不该做的事，有哪些该学的东西、该改善的地方、该挑战的事、该发明的东西。

经历过成功与失败后，以“生活手帖制作手法”为名，我边思考边将那些确信的基本点及重点收入笔记。

就这样日复一日，经过 3 年的积累，记录的重点积累了 100 个。

就在那时，我突然发现其实工作也是生活，生活亦是工作，我试图推翻以往把工作、生活分开思考的自己。

此外，我还意识到，无论是工作还是生活，我们使用的都不单是大脑，更需要用心，用心享受，才能学习更多东西。由此，“生活手帖制作方法”也渐渐转型为“工作的基本”。

所谓工作的基本，也是生活的基本。所谓生活的基本，同样是工作的基本。这是我记录“工作的基本”时意识到的道理，不，应该说是发现、学到的新知。

2015年4月，我转职进入IT企业Cookpad公司，因此也获得了更多面对工作及生活基本的机会。为了迎接今后更多的挑战，我想重新整合“工作的基本”。

如果我的某一发现对你的工作、生活有所助益，这是我的荣幸。若你能以本书为契机，思考、记录自己的“工作的基本”，那我更会不胜欣喜。

基本是最愉悦的，同时也是要反复磨砺的东西。与此同时，基本总能时刻帮助我们克服艰难险阻。

100 Basics of the Work

Basic Notebook

of

Yataro Matsuura

001

每天更新一下自己。

让我们培养“今天更新什么”的意识吧！创意也好，整理也好，每天增加一条“创新”，毕竟创造前所未有的东西是再美好不过的事。但如果轻易懈怠，就会与“创新”渐行渐远，最后只是一味反复做该做的事，无法成长。随着年龄的增长、专业能力的增强，更应该如此。“每日一新”的意识可以帮助我们刷新自己。

002

用新的视角，检视谁都知道的事。

对每天的工作而言，发现、发明、新的巧思是非常珍贵的要点。但有一点要谨记于心，越是谁都明白的事，才越是具有挑战性的课题。正因为谁都明白，这件事才不会旧。万物皆有无限新可能，在众所周知、理所当然的事中，往往藏有大家想要得到、想要知道的东西。尝试透过全新的视角，检视那些平凡的事吧！

003

享受独一无二。

在我看来，大家都认为“理所当然”“一致赞成”的行为很无聊。肯定正确的事、大声责备错误，大家对此习以为常了。然而，相互展现彼此的不完美、独一无二及独有的个性，不是更有利于建立深厚的友谊吗？无论是人，还是商品，如果缺乏趣味，就失去了吸引力。在认真做事的同时，流露些可爱的独一无二之处，我们将其称为魅力。

004

力求简单、单纯。

人们认为具备复杂功能的东西很厉害，认为夹杂复杂措辞的话语可信度高。事实真是如此吗？复杂带来提升品质的错觉，让人误以为耗时越长，品质越高，但不画蛇添足才是重中之重。我们应该思考的是“别做什么”，而非“该做什么”。简单、单纯的事物更容易与人分享，即便出现故障，也能顺利修复。

005

看似简单的事，才是最难的。

对待没有变化、看似简单的事，尤其需要谨慎为之。“简单＝廉价”“简单＝毫无价值”之类的概念容易蒙蔽双眼。越是简单的，越是深奥。原本错综复杂的东西就是诸多智慧与力量的结晶，而结晶乃简单之物。因此，请牢记“看似简单的事，才是最难的”这一哲理。

006

从容，方能提高品质。

提高品质有两大条件：从容的时间和从容的心态。常被催促，一味拼命处理手头之事，最后压根无暇顾及品质。当时间和心态变得从容，考虑会更周全，功夫也会下得更深。100% 完成后，就可以把目标提高到 120% 或 150%。为了从容，请放轻松。与其盲目地和时间赛跑，不如未雨绸缪，巧妙驾驭时间。

007

不要机械工作，注意多观察人。

无论从事怎样的工作，都请以人为本。为了那些近在眼前或身在他处的人，充分发挥智慧。接待客人的服务业自然不在话下，但其实所有行业都在和人打交道。创造的新产品与人如何产生联结，如何透过改善这一联结，进而创造出升级的产品？生产、待客、改进，重复这三点是工作的基本。只要明白“工作的最终服务对象是人”，就会知道自己该怎么做。

008

永远从零开始。

迄今为止掌握的学识、验证过的东西，是我们珍贵的财产，可以把它们潜藏在隐秘之处。处理新事物时，如只凭以往经验去做，那将无法创新。尽管经验可以替我们保驾护航，让我们收获高效、完美的工作成果，但做出来的东西只会中规中矩。唯有不怕失败、积极挑战，才能习得、深入、拓展、催生出新意，让我们一次次品味从零开始的幸福吧！

009

不复制过往的成功。

人有时会突然觉得事情的进展似乎一帆风顺，这时特别需要停下来，注意确认自己是否在复制过往的成功。之所以这样说，是因为过往成功的套路会阻碍未来的成功。模仿自己和做自己是两回事。即便尝试前所未有的新挑战，因为挑战者是你，旁人仍会评论说“这就是那个人的作风”。正因如此，尝试的过程也是在做自己。

010

不依赖先例。

思考问题、启动项目，以及下决定时，你会不会习以为常地想要查看之前是怎么做的？而事实上，先例纯粹只是先例，既不是准则，也不是样本。如拘泥于先例，挑战便会受限，做出来的东西只会是在已有事物的基础上进行的局部改变，甚至以自我模仿而告终。

011

先推敲再假设。

凡事请先思考“为什么”，然后发挥想象进行推敲，最后假设“要是这样做可以吗”。如果有了“最坏可能性”的假设，精神会放松很多。哪怕中途临时有变，也能立即采取应对措施。有时我们会遇到毫无准备就上战场的特殊情况，但如果能抱着“先试试看”的想法积极面对，那便是迈出了崭新的一步。

012

思考时不妨读点东西。

“思考”，看似简单，实则很难。即便独自一人找个僻静的地方思考，也总会被一些杂念扰乱思路，这时就来看书好了。因为沉浸在书本的世界，聚精会神地阅读，能帮助我们集中注意力。当眼球完全被文字吸引时，可试着突然跳出书本，开始思考。如果思考得累了，不妨再捧起书本。以这种往复的方式，学会在阅读与思考之间切换。一旦习惯这一模式，哪怕只是将书本放在膝盖上，也能提高思考效率。

013

大量阅读，反复阅读。

“不管怎样，姑且看书”是基本中的基本。可以徜徉在字里行间，反复阅读同一本书，也可以积少成多地大量阅读。阅读，是件看似被动，实则积极有所助益的事。它是一种人生模拟体验，人不阅读就会退化。阅读，是一项锻炼自己驾驭形势、做出精准客观决策能力的训练。迷茫时、不安时，尝试读一本书吧！

014

用文字记录灵感。

灵感，是比轻轻飞舞的羽毛更难抓住的东西。偶然间在脑海浮现的灵感及想法，不管多么出色、多么完美都是抽象的。闪现然后消失，消失继而闪现，灵感以快速回转的方式在空中徘徊。为了不让它飞去别处，可以用文字记录灵感及想法。一旦写在纸上，灵感就能可视化。至于工作该往哪个方向推进，也同样变得更具体。

015

时常将下一个计划放入口袋。

虽然现在的工作很重要，一旦投入就要以之为中心进行处理，但请不要把所有的精力都耗费在这上面。工作的同时，不妨思考下一个计划。即便正在竭尽全力处理别人委托的事，也该抽空推敲下一个计划。为了能随时随地快速给出计划，最好事先把它们放入口袋。假如口袋里装满了新计划，那无论遇到怎样的机遇，想来你都能从容应对。

016

每天都要播种。

工作，就是把今天一天用来生产。实现什么、完成什么、创造什么，这些都建立在对“工作清单”了如指掌的基础上。与此同时，也要记得播种。要想每天都有所收获，那就必须播种。即便是当下仍不成熟的东西，或者不确定能否派上用场的东西，都请稍微下点功夫。为了将来的大丰收，请坚持每天播种，好好做投资。

017

不要被准备好的东西束缚。

虽然准备很关键，但被其束缚就有待考量了。要记住，一切工作都是为了服务的对象。有时以年轻人为预想基础准备好的企划案，说不定实际服务对象以中老年人居多；有时打算找女性谈生意，可负责人却是位男性。即便发生这类状况也没关系，不妨试着先通读一遍准备好的原稿，不过不要被其束缚，在原稿的基础上随机应变就好。反言之，为了能随机应变，请多准备些方案。

018

不要只看结果，也要确认过程。

看记分牌只能帮助人们了解比赛结果，不能让人立马明白比赛内容。工作亦是如此，请不要只通过结果就断定“这个是那样”“这个不错”“这里必须修改”。在最终结果出来之前，去场上看看到底是怎么回事。如果没有目睹现场，那一切只是纸上谈兵。

019

认真面对。

面对每件事物时，所见所闻所感都会因对待方式的不同而不同。是正面相对，还是稍微偏点方向，抑或是抱着旁观的心态？正因为面对的角度可以自由调整，人们才会常常在不知不觉中偏离应有的位置，请注意从正面、实实在在地和对方面对面。如果以潦草的态度随意应对，或许会给对方带来不安，甚至在无形中伤害到对方。

020

前进就该一步一个脚印。

上楼两阶并一阶会上得更快，轻松跃过好几阶会显得很酷。虽然这种心态很普遍，但多半是错的，因为前进就该不慌不忙，一步一个脚印。企图跳跃、省略的心态都是要不得的，踏踏实实忍耐着前进吧！无论是学识还是经验，积累的前提都是踏踏实实的每一个脚印。

021

三项准备，让自己不失败。

如果不想失败，就不要忘记以下三项准备。第一，决定并确定计划；第二，认真准备，反复检查；第三，尽早开始，先发制人。如此做好准备后，一旦开始实施就要认真谨慎，细致入微。或许看完你会觉得“啊，原来只是这样啊”，尽管都是些基本的准备工作，但坚持遵守这一原则并不容易。正因如此，今天就来做以上三项准备吧！

022

把“改善”当成一种工作。

就算当下把自己的所有事都处理到了极致，也不代表可以就此收工。请注意持续改善，修正不足。如能不断改善，“极致”的水准将随之提高，心态也变得更从容，创意自然更易实施。

023

从倒计时开始。

没有期限的工作不叫工作，不管别人有无设定截止日或交货期，都要主动给自己设定一个期限。确定合适的日期后，从那天开始倒计时，筛选该做的事。在充分考虑“做这件事需要多少天”的基础上设定期限的做法也是值得推崇的。一旦时间轴清晰可见，思考、行动也会变得高效起来。

024

不说“姑且这样”。

即便是微不足道的事，如果能坚持不说“姑且这样”，我会觉得很了不起。所谓的“姑且这样”，就是虽然不是最满意的，但无奈想不出最好或更好的方案，给人一种消极的印象。大到会议结论，小到点杯饮料，无论什么事，都请改掉用“姑且这样”而收尾的习惯吧！

025

快速回复会带来好运。

请将“快速回复”列为工作的最大原则。为了成为反应迅速的敏捷者，平时就开始调整自己吧！“考虑一天后再给答复”的行为很容易错失机会，因为好运与良机是紧密相连的，快速回复很关键。

026

警惕集体意识。

常年待在团队里，判断事情时常常需要双重过滤，一重来自自己，另一重来自公司，而“自己认为可行的事，从公司立场判定不可行”的情况也时有发生。尽管团队协作很重要，但与此同时也不能舍弃自己的判断标准，随波逐流。就算阐明的意见没被采纳，最终必须服从安排，但至少不会给自己留下遗憾。

027

销售自己。

工作的重中之重在于提高自己的信用、发现属于自己的价值。无论是制作什么东西、处理什么事务，还是销售什么商品，都是这样。“卖东西之前，请先推销自己”，这句话确实很在理。如能获得对方的信赖，不管怎样的工作，都会一帆风顺。

028

认真的前提是积极。

如果你常鼓励自己“不管怎样都要认真”，那我劝你还是再斟酌下为好。所谓的认真，它是有标准基础的，它凝聚了我们的智慧、功夫、能力及努力。虽然不知要做多少妥协，但工作总能挖掘你的新价值。因此不逃避认真，积极迈出第一步才是一切的起点。

029

不排斥数字。

不知你有没有说过类似“对数字反应迟钝”“不擅长计算”的话，有很多人因不擅长而拿这些话做逃避责任的挡箭牌。然而，与人共享信息时，数据化是个非常必要的手段。尽管有很多事无法以数字衡量，但也会有很多事因用上数字而变得一目了然。无论多么不擅长，都请不要排斥数字。

030

不躲避重任。

如果责任随着年龄的增长而增多，人的负担就会变得越来越重。这种状态下，遇到明显棘手的事，就可能因为“不想解决”而逃避。可一味躲避重任的话，就会成为一个身无重负的人。人若只背负少许压力而活，不仅能力会衰退，还会不求上进，最后沦落成一个孤陋寡闻的肤浅之徒。或许不躲避重任会加重你的负担，但也证明你不是个扛不起重任的人。

031

不要说“做不到”。

回答“做不到”，就像是用漆黑的尖头万能笔严严实实遮住“说不定能做到”一样，可能性被完全否定掉了。被分配了极具挑战性的工作时，请在回答“做不到”之前，尝试思考“要怎样才能做到”“何时才能做到”。在深思熟虑的基础上，再说出答案。之所以提出这样的建议，是因为一旦直言“做不到”，今后就不会有人再向你委托工作了。

032

不给自己设限。

尽管了解自己的容量很重要，但容量与界限是两码事。如同物理时间、体力、拥有的事物及打交道的人一样，我们要了解并保留自己的容量界限。可是一旦给能力设限，能做到的事也会变得做不到。应该把容量看作大人，把能力看作发育期的小孩，这样才能取得良好的平衡。

033

先别着急发牢骚。

遇到问题时，人很容易立马摆出防御的姿态，和问题保持距离，接着发牢骚“我为什么这么倒霉”“原因不在我身上”。牢骚原本就是想说就说的东西，更何况有些牢骚也很正当、很合情合理。但是，发牢骚不能解决问题。遇到问题时，请主动面对吧！在问题被解决之前，请紧闭双唇，先别着急发牢骚。

034

别期盼太多。

如果贪婪地什么都想要，就势必会为了得到这些东西而过多地投入，不停地勉强自己。或许有时能如愿得到很多，但大部分仅仅是些暂时的东西，这些因贪婪而拼命得到的东西最后只会变得华而不实。因此，不要抱有超越能力范畴的期盼，让我们活得踏实些。

035

小心一石二鸟。

一想到能“一石二鸟”，人往往就会做出先别出手的决定。这既是一种方法策略，也是一种保护自己的智慧。面对具有双重机会的东西时，如切换成具体场景，那一石二鸟就如同是“同时抓住两边，且不被人责备”。但在我看来，双重机会说不定是上帝安排的试炼。一石二鸟带来的收获顶多也只是“二鸟”，而通常格外成功的人都懂得谦恭地“只抓一只鸟”。

036

了解自己的“甜蜜点”。

工作中不存在所谓的百发百中，所以不要投出所有的球，取而代之的是该了解自己的甜蜜点[1]。在做一件事之前，先判明这件事是不是自己擅长的、是不是对社会有所助益的、是不是迎合对方期待的，然后再精准地投球，击中目标。如果勉为其难地表示“我什么都能干”，那也就意味着在宣称“我什么都干不了”。

1 甜蜜点：源自高尔夫球专业用语，原意是高尔夫球杆的杆头上击球最有威力的点。每一支球杆的杆头，都有一个最适合用来击中球的最佳落点，能与球碰撞出最为“甜蜜”的美好感受，因而被称为“甜蜜点”。——译者注

037

研究失败。

大部分的失败都会自然而然地消逝，不了了之。换言之，那些明明做过但没完成的事会渐渐从我们的视野消失。可就此忘记失败的话，今后免不了还会在同样的事情上受挫。因此，请认清失败这一结果。如果能寻找出失败的原因，并以此为戒，下次就不会重蹈覆辙了。比起分析成功的原因，不如好好研究失败的原因，更能提高成功率。获得成功的人也都是善于研究每一次失败的人。

038

开始重要，收尾亦然。

有些人明明记得打招呼说“你好”，却忘记告别时说“再见”。也就是说，重视开始，敷衍收尾的情况时常可见。开始确实很重要，但收尾也同样关键。如果是会议，我们需要在收尾时得出结论；如果是工作，我们需要在收尾时有所了结。请多留心收尾，不要让事情自然而然地淡化至消失，而该有始有终地给它画上句号。

039

敢于提问。

如果不懂，那就去问。即便是自己知道的事，也可以多问。你若谦虚坦率，对方定会知无不言，言无不尽。随着年龄的增长，更要多问。所谓提问，既是向人学习的桥梁，也是提高工作质量的秘诀。所有工作都是以人为本，所以答案就掌握在这些人手中。日常工作中，比起仅凭自身所知去创造，不如多向人请教，因为后者会给你带来更多收获。

040

和专家做朋友。

我们常会被委托处理一些很专业的事，但在这些事面前，无论怎么努力，自己就是无法完成！这时，该做的不是铆足劲儿埋头苦干，而是向拥有该领域丰富经验的人求助。通过密切交流，情况紧急时请他们伸出援手，借助他们珍贵的智慧及能力。换言之，平时就该注意多多结交律师、系统工程师、专业看护等各类专家，必要时他们能成为强大的后援。

041

欢迎局外人插嘴。

“这件事与你无关，请别过问”“什么都不知道的话，请别插嘴”，当这些话说出口时，是否意味着手上的项目正处于停滞状态？其实与项目毫无关联的局外人往往能提出客观、重要的观点，正因为有了这些既无成见又无经验束缚的意见，创意才得以多元化，企划才得以立体化。请学会倾听局外人的坦率意见，让自己做起事来游刃有余。

042

写计划、画“地图”。

如果去登山，通常会事先拟定行程表，画好地图，其实生活也需如此。把手头事务形象化，预先确认是非常重要的环节。无论是旅行、整理，还是学习，都尝试着把启动的项目写在纸上。大致厘清计划类型，在此基础上思考循序渐进的步骤，也就是所谓的“地图”。脚踏实地地梳理写好的东西，将步骤调整到自己的能力范围内。

043

不过分依赖人脉。

我感觉“不管怎样，名片越多帮助越大”的时代已过去，过分拓宽人脉只会导致关系网空洞化，所以让我们清理掉那些“没法将人与名片对号入座”的名片吧！或许你认为这些名片是为了未雨绸缪，但现在是一个人与人能轻易获得联系的时代，就算到了需要派上用场的时刻，也会有很多取得联系的方式。

044

看完报纸，请折叠好。

当报纸成为旧报纸，便不会有人看了。可哪怕是自己看完的报纸，如果还有第二位读者，那它就是崭新的报纸。不管什么事，当我们做完时，后面还将会有其他继续做这件事的人。为了让下一位读者阅读愉快，无论是在公司、在家，还是在酒店大厅，都请将报纸整齐叠好放回原位。以此为例，扔垃圾时多考虑收垃圾的人，用公厕时多考虑下一位使用者，相互体谅，不给他人增添麻烦。尽管只是些细碎的琐事，但请别忘记。

045

没有与己无关的事。

人一旦陷入繁忙，就会无暇关心周围的事。即便感到讶异也会选择视而不见，最后以“和我无关”为由置之不理。假如这种状况反复发生，那自己的世界就会被封锁，并且变得越来越小。在这世上，不存在与自己毫无关联的事。人不管做什么事、带来怎样的影响、完成什么工作，或多或少都会得到他人的帮助。既是如此，倒不如积极和他人共筑关系，你会发现自己的步伐越来越轻盈。

046

沟通方式要有趣、有美感。

工作是交流的一种，如果传达时仅追求要事要点，效果不会令人满意。与人沟通时，请时刻注意要有趣味。哪怕写同一封商务邮件，也有可能因加入一点独特性而变得意味深长。对企划书而言，内容是头等重要的，但如果版面设计不够一目了然、文字语言不够精美，那内容也将难以传达。人，总会被有趣的事物、优美的事物所吸引。所以，无论是文字还是对话，都请使用有趣、有美感的沟通方式。

047

像做连环画剧[1]一样做假设。

1　连环画剧：一种以儿童为对象的演艺形式。——译者注

做假设时不妨参考连环画剧的方式，通过判断用手绘图及备忘笔记组合而成的连环画剧是否有趣，来进一步探索假设能否成立。换言之，借由连环画剧推敲假设的起承转合。第一张的主题是“启动项目”，第二张是“启动后该做的事”，第三张是“意料之外的事”或“会牵扯到谁”，第四张是“结果”。通过连环画剧这一形式，假设不仅能得到深度理解，还非常便于向人说明，让项目变得井然有序。

048

掌握“报·联·商”的信息分享术。

虽然每个人都是独立的，不一定要相互依存，但大家可以协作，朝相同的方向前进。在日常工作中，大部分的工作都是以团队的方式进行，而团队的工作模式正好就是成员一起协作。因此，请记得把手头的信息分享给周围的人吧。为了不让其他人因不了解情况而感到不安，请先学会报告；为了不让其他人因被撇下而感到不悦，请先学会联系；为了不让其他人担心，请先学会商量。总而言之，“报·联·商”是一种出色的信息分享术。

049

先思考，再发言。

你会只想不说，还是会只说不想？在不清楚自己到底要表达什么的情况下，贸然挑起话题的行为有失礼仪。无论是工作指示、联系，还是报告、提案，都请先自觉梳理清自己想要表达什么，做好准备后再发言。

050

别只顾自己方便。

你会不会分明知道对方找自己所为何事，也分明明白对方当下的心情，却以“自身不便”为由不伸出援手呢？工作中，我们不可能不计回报地竭尽所能，而过剩服务又会带来不良后果，商场就是如此严苛。此外，金钱、时间、公司亦是如此，所以，才更应该优先考虑对方。若将对方置之不理，就会变成完全只考虑自己。请站在对方的角度多想想，创造双赢的工作环境。

051

有事求人的同时，要有被拒绝的觉悟。

在拜托别人事情时，需预留出被对方拒绝的余地。首先，不说类似“请助我一臂之力”的只顾自己的话。其次，事先准备好退路，以防对方婉拒。虽然很难做到，但这是交流的礼仪之一。如果因为对方拒绝眼前的事而导致双方关系不融洽，那就是本末倒置。因此，若有事求人，不如多发挥想象力，以七分热情、三分体贴的心情和人交流。

052

制作连小学生也能看懂的图表。

制作图表时，把“连小学生也能看懂”作为口号吧！工作中，由数据、资料组合而成的图表随处可见，只要有电脑，就能做出高水平的图表。绘有华丽图表的资料不仅美观，做完后人的成就感也会高涨。但这些图表真的能让人一目了然吗？为什么用废弃的打印纸手绘出来的曲线图，有时反而更加简洁明了？美观与品质是两码事，首要该考虑的是站在看图者的角度制图。

053

通过故事解释动机。

动机是驱使我们不断前进的引擎。如果无法解释清楚“为什么要这样做”，即所谓的动机，就无法与别人一起前行。既然如此，我们就用讲故事的方式解释为什么要这样做吧！为了项目启动时不出错，建议连背景也一同说明清楚。此外，想要打动人不能只罗列要点，带有思想和情感的动机才能传达得更清楚。

054

像搭讪一样写文章。

写文章的技巧在于忘记什么叫“得心应手”，我们无须追求打造美文或使用复杂的措辞，就像和人搭讪一样，充满关怀与亲切、让人一目了然的文字才是首要的。另外，“众所周知”这样的词语是忌讳。写文章时，不妨在脑海中联想有哪些人会阅读这篇文章，然后像当面搭讪一样书写文章。

055

安装“齐心协力”的按钮。

对工作而言，全身心的投入及不推脱责任的心态非常重要，大家相互尊重彼此的立场，互不干涉，但不关心他人工作及周围状况的态度是不可取的。建议各位在心里装个名为“齐心协力”的按钮，一旦需要，随时启动。

056

发现美。

在这世上，存在很多美好的事物，而能否发现这些美，就因人而异了。无论是出色的事物、美丽的事物，还是愉快的事物，都请积极发现吧！工作伙伴的夹克衫也好，日常工作的某一部分也好，只要是能吸引我们眼球的东西，都可以去发现。通常善于发现美的人，都善于赞美。如果发现了美，不妨通过语言分享给大家。

057

批评要简短有力。

不被批评，人会不安；被狠狠批评，又会消沉受伤。人心就是这样脆弱。如果你有晚辈或手下，不妨坚持每天给他们一次提醒或建议。不过值得注意的是，为了不伤他们的自尊，请使用简短、能让对方感到安心的言辞，例如要认真看噢。

058

清楚地表达你的称赞和认同。

无论是工作伙伴、上司、手下，还是团队同事，只要是共事的人，都请先发掘、褒奖对方的优点，赞扬对方正在做的事，肯定对方过往的业绩及成就。不管是称赞的话，还是认同的话，都要清楚地表达出来。这既是团队合作的秘诀，也是处理人际关系的基本原则。无论是谁，只要听到这些赞赏的话，就一定会瞬间精神抖擞。

059

说出对方的名字。

和人说话时，注意把对方的名字加入对话。无论是客户，还是亲密的同事，都请边称呼对方的名字边推进话题。之所以这样做，是因为对初次见面的人而言，对方会因为我们记住他（她）的名字而高兴；对熟识的人而言，对方会有种完全被认可的感觉。比方，“还真的是呢，某某某”，只需这样将名字自然地插入对话即可。能为别人带来愉悦，是成年人的一种交际礼仪。

060

拓宽幸福的范围。

工作，就是从别人那儿获取重要的金钱。与此同时，也请开动脑筋让别人开心地认为你“非常体贴”。设计商品时，请发挥想象力，多思考这是否真的是人们需要的东西。“User First”（用户第一）这句话是职场人士的护身符，而所谓的用户优先，就是拓宽幸福的范围。如果只求自己幸福，那就会很乏味；如果只求亲友幸福，那就会很寂寞。在我看来，给社会传递幸福才是工作的一大乐趣。

061

选择正确的方法。

思考该选哪种方法时，我常扪心自问这是正确的方法吗？虽然很难精准判定哪个才是正确的，但我们可以尝试从不同的角度来审视，检查选择的方法是否只给自己提供了便捷、是否优先考虑了自己、是否有利己主义的因素在里面。如此一想，那判定方法是否正确的标准或许就是看它是否也能惠及他人。

062

思考对方需要的价值。

建议大家把“我能贡献什么给与我打交道的人”作为工作的原则，思考对方需要怎样的价值，并将这一价值视作自己的目标。既不是“Give and Take”（相互忍让），也不是“Fifty-fifty”（一半一半）。一味追求回报的行为是错误的，无欲无求、积极付出后孕育出的强大力量才是让每件事成功的要点。

063

搭建“与人为善的城堡”。

高举策略、理念、主义大旗的人，往往会给自己“建一座城堡”，与世隔离。虽然独立思考很重要，但太过拘泥正确与否，被作风束缚，片面否定不同意见的话，与人的交集就会一点点变少。孤独是人与生俱来的宿命，而孤立是人切断与他人羁绊的自发行为。孤立的末路，通常都是悲剧。

064

别急着下结论。

在自己认为是白、对方认为是黑的情况下，即便事情得以解决，交流的目的也不算达到。无论是工作还是人际关系，都不会因为一句话而完结。就算现在黑白分明，下次也有可能黑白交错。不是所有事都能依自己的想法去做，如果逞强，无论输赢，都会精疲力竭。明白“别急着下结论”的道理，发展出新知，谈话也会变得有意义。

065

敌人亦是朋友。

如果遇到像敌人一样攻击、否定你的人，请记得珍惜，因为“敌人亦是朋友”。敌人会刺激我们，带给我们新知，告诉我们真相，甚至令我们振作。不要躲避敌人，正因为有敌人这一存在，我们才得以学习、成长。

066

重视批评和反对的意见。

如果你一直以来都认为自己很“优秀”，那一定很难接受批评和反对意见。然而，如果你想从“优秀”变得“更优秀”，就得拿出勇气接受它们。即便过程很痛苦，即便备受打击，也不逃避。因为逆耳的话里包含很多事实与真相，潜藏让我们成长的启示。反之，有些褒奖免不了会夹杂些善意的谎言，夸大你的成果。

067

没有可以一个人完成的事。

年轻时，或多或少会有什么都自己一个人来做的想法，误以为什么都可以靠自己。然而经过时间的验证，会发现“其实根本没有可以凭一己之力完成的事”。“仅凭一己之力完成”这种想法会让人变得只顾自己，不顾其他，甚至遇事强加于人，不愿主动倾听他人的想法和心情。不借助他人力量而独自存在的人是不存在的，这一事实还请大家认清。

068

坚持做分享信息的源头。

自己去发现、自己去努力、自己去发表，这三点是创造“自我价值”的基本姿态。不管有没有玩社交网站，一旦从个人经历中有所体悟，都请迅速拿出来分享，积极和他人进行交流。现在是信息膨胀的时代，我们收集到的信息、绞尽脑汁做出的努力、慷慨激昂的提议，都将成为珍贵的第一手资料。

069

不道听途说。

“大家都说好”中的“大家”是谁？“好多人都很困扰”中的“好多人”是多少人？那些偶然间听到的信息及网络谣言，说不定只是少数人的声音，仅凭气氛或感觉便开口发言的行为是很危险的。为了显得有说服力、为了假装很精通，不假思索地散播道听途说的消息只会让误解越传越大。因此在扩散信息前，请仔细斟酌信息是否准确。

070

收集信息时以人为基准。

在有限的时间收集信息时，“以人为基准”是重点。选择资料时参考信得过的媒体和人的意见，例如“经济类话题就选 A 报纸”“环境问题就看那个人的网络报道”。在信息泛滥的现代，我们不可能浏览所有信息，也很难确认哪条信息是对的、哪条是错的。正因为这样，才要思考、判断“关注谁的发言能对我有所助益”。

071

说话时以我为主语。

和人讨论项目或社会新闻时，请以我为主语抒发意见，例如“我是这样想的”“我尝试做过那件事”。在这个信息丰富，且很容易采用各种人意见的时代，述说诸如“……是……的意思”的话时，常常会在不知不觉中省略主语。而与此同时，听者也会陷入“这是你的意见，还是报纸上登的意见”的混乱。此外，说话加上第一人称，可以产生更多信赖感和责任感。

072

了解被世人点评的事。

食物、商品、服务、文化、技术，无论有无兴趣，都该了解世人对这些东西的评价，因为这也是你工作所需的基础知识。只有了解了现在的水准是这样的，才能把它变成工作的灵感，以此提高工作热情。虽然深挖很辛苦，但想要全面了解，报纸是很好的信息来源。另外，和朋友聊天也是一个不错的途径。

073

尝试怀疑那些引人注目的东西。

那些商店门口堆积如山的新产品、应接不暇的广告节目、热闹非凡的网络话题，全都是能立马吸引眼球的东西。在面对这些东西时，先别一股脑地接受，建议大家试着用怀疑的眼光进行审视。当然，这不是让你认为它们都是骗人的，而是培养深层次分析的兴趣，例如“为什么大家对这个有兴趣”“为什么它能成为话题”“这东西有何厉害之处”。也就是说，要用科学家的钻研精神细细观察。

074

睡前想好明天的穿着打扮。

晚上睡觉前，如果能先确认第二天的日程，我会睡得更安心。比方第二天有重要的会议，那就在睡前好好了解下着装的注意事项，因为第二天清晨临时了解的心情与前一天提前了解的心情截然不同。即便只是去公司上班，“今天要见客户”的穿着打扮也和“今天在办公室办公”不一样。因此，睡前若能确认好日程，躺下思考明天的穿着打扮，即可确保第二天收拾妥当，快速出门。

075

舒适地度过清晨时光。

一日之计在于晨，很多人喜欢追求效率，从清晨就开始忙碌。有时我也会想去跑步或学习，但立马还是决定什么都不做的好。建议大家和我一样，把什么都不做视作理所当然，舒适地度过清晨时光。哪怕早餐只有面包、咖啡，也不妨悠闲地享用。另外，也可以和家人聊聊天，发呆沉思或写点什么。每天清晨舒适地度过一小时，会比多睡一小时更令人放松。巧妙运用一小时，激活你的一整天。

076

重要的事在上午处理。

很多时候，成功人士及优秀的人会异口同声地建议："请在上午处理好重要的事。"说的人多了，俨然成了真理，请大家铭记于心。究其原因，因为上午人的注意力集中，下午因身体疲劳，决断力会下降，所以重要的事请在上午处理好。随着年龄的增长，更应该遵守这条原则。

077

拥有一处自己的避风港。

人都会需要一个养精蓄锐、让自己冷静的地方，都会需要一个能细细沉思、充分放松的地方，不论是自己的家、公园的长椅、书店，还是咖啡厅、散步小径，都请给自己找一处避风港吧！人，并非顽强的生物，偶尔在自己的避风港发发呆也很好。

078

不降低标准。

如果经常光顾的、冲得一手好咖啡的店给我上了一杯味道一般的咖啡，我想我会很失望。商店、工作、人，全都拥有各自的标准，而保持一定的水准才是专业人士的表现，难道不是吗？不降低现在的水准，尽可能更上一层楼。降低标准有时或许能让人变轻松，但与此同时也失去了乐趣和挑战。

079

为了不请病假而坚持不懈。

工作是每天都要做的事，它有一直持续的意义。因身体不适而请假的行为，属于非本意的中断。正因如此，注意身体也是一份重要的工作。为了不请病假，请坚持不懈地保养好身体。从长跑、短跑、瑜伽、早睡早起、良好饮食习惯等方面着手，培养适合自己的健康习惯，做到每天坚持。

080

休息也要讲究品质。

我的 100 个基本

100
Basics of the Work

X

100
Basics of the Life

我的 100 个工作基本

100
Work Basics

001

002

003

004

005

006

007

008

009

010

100
Work Basics

011

012

013

014

015

016

017

018

019

020

021

022

023

024

025

026

027

028

029

030

100
Work Basics

031 ______

032 ______

033 ______

034 ______

035 ______

036 ______

037 ______

038 ______

039 ______

040 ______

041

042

043

044

045

046

047

048

049

050

100
Work Basics

051

052

053

054

055

056

057

058

059

060

061

062

063

064

065

066

067

068

069

070

100
Work Basics

071 ____________________

072 ____________________

073 ____________________

074 ____________________

075 ____________________

076 ____________________

077 ____________________

078 ____________________

079 ____________________

080 ____________________

081

082

083

084

085

086

087

088

089

090

100
Work Basics

091 ______

092 ______

093 ______

094 ______

095 ______

096 ______

097 ______

098 ______

099 ______

100 ______

我的 100 个生活基本

100
Life Basics

001

002

003

004

005

006

007

008

009

010

100
Life Basics

011

012

013

014

015

016

017

018

019

020

021

022

023

024

025

026

027

028

029

030

100
Life Basics

031 ______

032 ______

033 ______

034 ______

035 ______

036 ______

037 ______

038 ______

039 ______

040 ______

041

042

043

044

045

046

047

048

049

050

100
Life Basics

051 ______________________________

052 ______________________________

053 ______________________________

054 ______________________________

055 ______________________________

056 ______________________________

057 ______________________________

058 ______________________________

059 ______________________________

060 ______________________________

061

062

063

064

065

066

067

068

069

070

100
Life Basics

071 ______

072 ______

073 ______

074 ______

075 ______

076 ______

077 ______

078 ______

079 ______

080 ______

081

082

083

084

085

086

087

088

089

090

100
Life Basics

091 ______

092 ______

093 ______

094 ______

095 ______

096 ______

097 ______

098 ______

099 ______

100 ______

和高品质的睡眠一样，这世上也存在高品质的休息方法。严格意义上来说，身穿睡衣一天无所事事的状态不算休息。人的生活节奏一旦被打乱，身体也必定会不适。对上班族而言，因玩过头导致周一请病假的行为已是出格。即便休息日，也请早起更衣，三餐不落，晚上早睡，让身心保持轻松愉悦。最后再强调一遍，“散漫”和“休息”属于两种完全不同的行为。

081

尝试改变看待事物的视角。

当工作遇到瓶颈、停滞不前时，不如改变下自己的视角。具体说来，就是不再以项目负责人的角度审视问题，而是站在兼职者的角度、上司的角度、老板的角度、顾客的角度、老幼者的角度思考问题。视线可以是仰视、俯视、平视、斜视，只要勇于尝试改变视角，总能发现打破瓶颈的办法。

082

做些平时不做的事。

如果遇到高难度的事、困扰的事、棘手的事，并因此束手无策，也就意味着你陷入了“问题的迷宫”。为了逃出“迷宫”，可以尝试去平时不去的地方，做平时不做的事，比如去骑马、去十年没再去的游戏厅、买从未穿过的颜色的毛衣。通过转换心情恢复精神，重新振作，即便问题没有因此解决，但说不定能理出些头绪。

083

了解自己的表情。

与别人看自己的次数相比，说不定自己看自己的次数会更少些。我们每天都要和人打交道，因此非常有必要清楚地了解自己的表情。紧张时，会流露出“好恐怖啊”的表情吗？遇到烦心事时，会流露出“发呆无聊”的表情吗？请多了解自己的表情，就算没有镜子，也该知道自己当下的表情。

084

每天都要更新自我介绍的内容。

每个人每天都在发生变化，虽然不是戏剧性的巨大改变，但从昨天到今天，可能因跳槽而不同，因搬家而不同，因年龄增长而不同，因思考方式改变而不同，因各色打交道的人而不同。我们需要做的，是了解当下的自己，斟酌如何表达自己，然后更新自我介绍。比起过往履历，建议大家把“现在正在思考的事”和“今后想要做的事”写在纸上，时不时与时俱进地重新审视一遍。

085

束手无策时不如先放松。

谁都会有遭遇突发事件、手头的事情难以推进因而精疲力竭的时候，为了解决问题，焦急地想方设法。其实在束手无策时不如放轻松。当人冷静下来后，才能摸清自己为何陷入这一状况。理解现状后，继续加油，不被问题压垮。出色的人都很擅长放松，让我们先放松再铆足劲儿解决问题吧！

086

适当地休息十五分钟。

休息与懈怠是两个截然不同的概念，擅长休息很重要。即便被夸奖“工作到废寝忘食”，可这样工作的效率真的高吗？说不定会变成偷工减料。既然如此，不如给工作安排适当的休息时间，甚至可以制定类似“集中精力工作两小时后务必休息十五分钟”的原则。休息期间，可以从座位起身，洗洗手，走动走动，喝杯咖啡。如此一来，接下来的两小时工作效率会变得更高。

087

修炼不生气。

在每个人的身体里，都有一个控制情绪的“小水池”。生气时，池水浪花飞溅；自尊心受伤时，池水激烈沸腾；自己重要的领域被侵犯时，池水汹涌起伏。然而，问题会因为你生气而迎刃而解吗？势头会因为你生气而好转吗？请将“不生气”作为每天的必修课。正如古人所言，沉闷的话就从一数到十吧，等待体内“小水池”恢复平静。

088

请动真格。

无论做什么都想成功的话，就得动真格。换言之，动没动真格将决定成败。动真格的那股劲儿，能帮助我们改变现状，驱动事与物，撼动人心。“如果赌上所有却失败了”的想法会让人畏缩。话说回来，如果情绪保持热情高涨，也无法持久。对待动真格这件事，最好就像源源不断的地下热能，连绵不绝。一般来说，动真格的人没有做不到的事。

089

展现自己拼命努力的样子。

或许有人也稍稍察觉到了，专心努力的工作姿态其实非常让人讨厌。竭尽全力拼命奋斗，不给自己预留任何空隙，高冷到遥不可及，甚至常常出糗。但即便如此，仍希望大家别害羞，勇敢展现自己专心努力的一面。因为拼命努力时，你根本不会在意“自己现在是什么样子”。

090

活到老，学到老。

初次踏入现任职场时的紧张感，拼命努力想要适合陌生的环境时的心情，想必大家都曾拥有。因生疏而踌躇时，请不要忘记这份心情，争取活到老，学到老。随着越来越习惯于身处的环境，更要珍惜初次面对时的心情。所谓的“活到老，学到老”，是指“无论活到多少岁，总还有需要学习的东西”。漫漫成长路，需要的是谦虚、朝气蓬勃的姿态。

091

赏花赏其根。

遇见绽放的鲜花，不管自己怎样欣赏、憧憬它的美丽，都无法令自己这朵花也随之盛开。花的根是开花的前提，所以请多关心扎入土中的花根吧！思考那些看不见的努力和奋斗，这才是学习的原点。比起展现在眼前的妖娆花朵，与大地相连的花根，才是隐藏诸多秘密的地方。

092

不足的常常是自信。

“这个想法很棒噢，要不要动手试试看？”“不，不，我根本做不了。”像这样明明有很多点子，可一旦付诸行动便畏缩胆怯的人很多。因害怕失败，最后不知不觉变成了保守派。这类人缺乏的不是经验或实力，而是自信。自信不是自负，而是相信自己。请用诸如“没关系，我一定行”的话，多给予自己鼓励吧！

093

担心可以，但不能怯懦。

若一直想“事情要变糟了……”，人一不小心就会沦为懦夫。虽然事先做好最坏的打算很有必要，但如果一直反复考虑最坏的结果，就会什么都做不了。担心本没错，不过不能怯懦。

094

与一决胜负保持距离。

若决定“不做别人正在做的事”，那说明你已卷入胜负的旋涡。尽管对手众多、竞争激烈的气氛能让工作变得更刺激，还能相互促进提高，但一决胜负真的会消耗很多能量。行走在空无一人的路上，就能摆脱胜负的困扰，一步步调整状态，朝目标方向进发。如果太过拥挤，不妨就让他人先行。

095

拿出勇气逃跑。

不管遇到什么事，坚持就是胜利的心态非常重要，它是我们做事的基本态度，但也不要舍弃“逃跑”这一出路。在必须逃跑的时候，就拿出勇气逃跑。即便这样很糗、被笑话是胆小鬼，即便有违道义、会被人讨厌，仍然要逃跑。当然，这里说的逃跑，是指非常理性地看清状况后，直觉告诉我们非逃不可时的情况。悄悄逃跑不仅能让我们捡回性命，还能给我们以机会守护自己珍视的人。

096

培养独立思考的习惯。

不依赖任何人、组织和社会，无论走到哪里，都能自力更生；无论想去哪里，都能独自前往。相信这是所有公司需求的人才。自己判断、决定、负责、独立思考，这些习惯能让我们保持领先的优势。如被类似“先请示上司”“先和大家商量一下”的想法束缚在原地不动，迟早会被淘汰。

097

尝试卸下职位。

对上班族来说，谁都会有“自己=某某公司某某部门”的职位定义。但真正的自己，其实是家庭中的自己、朋友圈中的自己、社会中的自己等多个自己的结合体，不要把自己太过局限于现任公司，因为这样会限制我们能力的多方位发挥，减少我们的选择项。不管身处不同的关系网，还是不同的公司，相信都会有属于自己的门路。

098

和运气交朋友。

想要和运气交朋友，就请遵守以下三条原则：保持微笑、勇往直前、与人分享。想要成功，除重要的实力以外，努力同样不可欠缺。然而，偶尔运气也是必要的。为了成为运气的好伙伴，“保持微笑、勇往直前、与人分享”是基本。

099

偶尔失败一下也好。

当事情如愿地顺利推进、接连发生好事、一切得心应手的时候，这时你该故意给自己制造点麻烦。究其原因，一帆风顺的后面必定是一波三折，所以得让局面取得平衡。换言之，顺利时，人的步调会加速，而强行减速也是保驾护航的一环。

100

问问自己，你真的想做那件事吗？

做，还是不做？接到委托时，受到邀请时，如果犹豫不决，也不能靠计算得出答案。会失还是得？会赚还是亏？会成为宝贵的履历吗？如不做会有失道义吗？对于这些计算，还是建议大家放弃吧。与其计算，不如轻闭双眼扪心自问："你想做那件事吗？"如果答案是否定的，那就立马拒绝；如果答案是肯定的，哪怕不计结果，存在风险，前途渺茫，都请深吸一口气，纵身投入那件事中。

100 个生活基本

《新 100 个基本》一直支撑、帮助、鼓励着我的日常生活，它就像重要的护身符，蕴含智慧。为了能随时翻阅那些搁在心里的悄悄话，我用文字记录下它们。为了和更多的人分享，我在笔记的基础上加以整理汇合，最终集成这样一本语录。

在这些话中，有我一直很重视的字句，有忽然领悟到的幸福，有深信不疑的智慧，有想要分享给大家的乐趣，有众所周知却难以忘怀的语句，有守护自己的叮咛，也有让自己随时与时俱进的警言。

我常常思考以下问题：

我想成为怎样的人？我想过怎样的生活？我想怎么活？希望社会、家人、朋友、孩子都知道的重要的事是什么？为了让社会变得比现在更好，我能做哪些有用的事？想要留给未来的自己领悟到的智慧及教导是什么？我一边思考这些问题，一边执笔一条条记录，希望审视自己时，这些文字能派上用场。

随着年龄的增长、心理的成长，“工作的基本”和“生活的基本”里的这些话会随时发生变化。虽然现在写完了 100 条，但我会常常重新审视这 100 条基本，希望能让这些基本越来越完善、越来越有自己的风格。正因如此，100 个基本的后面应该还有更多其他基本吧?

与此同时，我很想知道飘浮在你心中的那些基本，希望那些基本也能对我有所助益。为了和你分享我的基本，我想我会继续写下去。

在我看来，记录自己的基本看似简单，实际很难，不过它也像封感谢信，支撑着我前行。

100 Basics of the Life

Basic Notebook
of
Yataro Matsuura

001

温柔且柔软。

也许温柔是一切之基本，我们可以用温柔将其轻轻包围。如果把温柔当作相互交换的礼物，无须交流，也能达到美妙的效果。就拿马铃薯和肉打比方，放入菜汤前后的软硬度截然不同，我认为还是入锅后的松软更让人觉得回味深长。与人接触打交道亦是如此，刚正不阿固然可贵，但温柔和善更让人心悦诚服。

002

先人一步洞察发现。

为了比别人先有所作为，我们就要先人一步洞察发现。无论是能带来喜悦的事、期盼的事，还是想先拿到手的东西，你需要的都不是超能力，而是仔细观察和关心他人。比如开家庭派对，谁都会想到准备食物、饮料和音乐，这时你需要准备的是，一旦大家倦了累了，可以用来倚靠休息的靠垫。希望大家能成为提前发现这些事的达人。

003

被人喜欢，也会被人讨厌。

“被喜欢”和“被讨厌”是一对组合。如果能被所有人喜欢，自然是令人高兴的事，但这绝对不可能发生。因为如果有十个人喜欢你，那就有十个人讨厌你。要是能意识到这个现实，就不会被社交软件上的评论及无情的谣言左右。人的喜恶总是变幻莫测的，如果不存在爱憎，那也就没有必要在意了。

004

不粉饰自己。

每个人都希望完美地展现自己，虽然不会为此做到虚荣、撒谎的地步，但稍微想要粉饰一下的心情倒是多少都有。然而，在这信息开放的时代，即便想要粉饰也很难成功。此外，粉饰意味着掩盖一些东西，与其如此，倒不如勇敢面对，不去粉饰，不去遮掩。越是不加以粉饰、活得真实的人，越容易和人打交道，问题也越容易解决。

005

加深亲切感。

对我们而言，亲切对待家人、朋友、工作伙伴就如同呼吸般稀松平常。可话说回来，这些亲切是不是早已模式化？当亲切变成单纯的习惯，或许就不再是亲切了。请常常下意识地想想“什么才是发自内心的亲切”。所谓的亲切，需发自内心，如挖得不够深，就无法企及。

006

用轻轻相连的虚线，与他人联结。

“与大家一起”的好处是轻松、快乐、心安，不过团体活动也有其限制性，那就是不能随心所欲地走自己的路。虽然友情很重要，但总得迎合别人的意见，一旦前进的道路出现分歧就被责备，这样的人际关系太过沉重。相信我们更想要的模式是即便偶尔独自打发时间，偶尔独自外出，偶尔做出不同选择，大家也能其乐融融。这种关系就像是轻轻相连的虚线，不紧凑但也不会离散。

007

有种智慧叫放下。

沉迷于未到手的东西，紧抓住已到手的东西，这样下去，将渐渐陷入苦闷，透不过气。建议大家购买衣服等物品时，可以采取“买一件扔一件”的原则。如果是物品以外的事情，相信这一原则也会适用。就拿学习、兴趣、社交来说，虽然乐在其中，受益其中，但如果全都收入囊中，想来也会拖累自己。

008

不意气用事，凡事保持理智。

生活中无论是与亲友打交道，还是从事团体活动，总会遇到与别人意见不一致的情况。这时，原本打算保持冷静的你，会不会因意气用事而固执己见？坚持“我就是想这样做”的行为，就像小孩撒娇一样蛮横无理。与其这样，何不理智地向对方说明“为什么这样做更好”，并努力得到理解？如果连自己都无法用语言说清楚，那证明其实你自己都还没想明白。

009

靠近对方的心。

所谓与人靠得更近，不是双方紧贴在一起，而是牵挂对方，渐渐了解对方所想，让自己的心慢慢靠近对方的心。交流，就是这样一种联结你我他的媒介。比起开动脑筋，触动心灵的交流更能带来丰厚的收获。不管社会多么发达，心灵间的互动都是最重要的。

010

陪伴是最好的礼物。

你想替重要的人做些什么？或许你想到的是温馨的话语、亲切的态度、体贴的行为或赠送礼物。然而，当对方感到悲伤，温馨的话语也有无法安抚的时候；当对方受到伤害，亲切的态度说不定反倒成为一种负担。这时什么都不用做，只需默默站在不远处陪伴对方。对，只是陪伴，永远的陪伴。就算有阵子没见面，双方的心也依然靠得很近，这才是最美好的礼物。

011

跟人见面，不忘带上礼物。

和人会面一起吃饭或喝茶时，除营造良好的相处氛围外，还要给对方准备份礼物。不过，这里说的礼物并不是指巧克力、昂贵坚果之类的东西，而是诸如对方感兴趣的话题、能给对方启发的建议，或让对方打起精神的笑颜。那些令人怀念还想与之相见的人，那些让人觉得“每次和他（她）会面都有意外收获，能见面真是很幸运”的人，总能给人带来开心的礼物。

012

答谢时要附上感想。

向对方说“谢谢”时，请再加上些感想。答谢是回赠对方一份“礼物”，不一定是物件，也可以是句感谢的话。哪怕不是郑重的言辞也无所谓。譬如收到点心，你可以回复对方说：“太好吃了，全家人有说有笑地边喝茶边品尝你送的点心呢！”只需这样一句平淡简短的话，对方就能想象你和家人开心的场景。总而言之，答谢和被答谢都是值得高兴的事，让我们借由礼物，创造更多令人快乐的事情吧！

013

多替对方担忧。

我们之所以收到他人的求助后闻声而逃，是因为我们不是当事人，懒于想象，缺乏同情心，待人不够亲切。虽然世上什么样的人都有，但还是希望大家在遇到这种情况时，能发挥想象，多替对方担忧。比如求助者是不是走路时突然被车撞了？向来坚强的孩子是不是陷入麻烦受挫了？原本该顺利推进的事是不是受阻停滞了？担忧就是要把对方放在心上，这不是什么坏事。

014

不强求。

每个人都有自己的策略及原则，也有不少人凭借经验，快速做出决策。尽管替人分忧的精神很珍贵，但请千万别强求对方。不管出于多大的善意，强求都是剥夺对方自由的行为。比如判断食物是否好吃，哪怕是自己的孩子，他（她）也有自己的自由。生活方式的好与坏，因人而异。是否接受你的意见，是对方的自由，请不要用“我是为你好”这种话束缚他人。

015

学会谦让忍耐。

“自己”是不是每个人最关心的课题？比如无论如何都想说关于自己的话题，时不时都想成为最出风头的人。总而言之，任何人都拥有自我展示的欲望。可即便如此，希望大家能稍微抑制些，做到对人谦让。有时可以多忍耐，优先考虑对方。不过需要注意的是，太过谦让说不定会被误以为是不负责的旁观者。正因为不容易斟酌，所以更要谨慎把握。

016

不要一味否定。

也许你的预言像上帝一样精准，但即便如此，也不要否定别人说的话，不要一开始就说不，不要关上心门把话说死。打心底否定的行为，就像是猛地咔嚓一声剪断绳索。另外，否定还会埋下争吵的种子。所以不管什么事，都请试着坦率地倾听。我们通常无法接受对方的意见，是因为明白两个人的观点不一致。

017

察觉被背叛时，请选择原谅。

即便双方相互信赖，彼此尊重，但突然遭受背叛的情况也还是有的。这时，受伤的你应该会充满悲痛和愤怒吧？也会因恨想要谴责对方吧？但事实是，人就是一种偶尔会做出背叛行为的生物。既然无法解决，那就放弃追究吧。如果被背叛，可以试着体谅对方：“他（她）之所以这样做，一定是遇到什么事迫不得已吧？”而不是感情用事地责备对方。说到底，人是脆弱的。与此同时，也别忘记“或许有一天自己也会背叛别人”。

018

和比自己优秀的人打交道。

和比自己优秀的人打交道，其实是件很费劲的事。之所以这样说，是因为和他们一起时，我们必须强迫自己加速成长。一旦发现不足，不仅要接受这一现实落差，还要努力缩短与他们之间的距离。虽说过程很艰辛，但这种强迫自己的交友方式，是提升自我的最佳途径，它能让我们体味到平时在舒适朋友圈中感受不到的紧张感，并以此提高水平。纵使要和老朋友分道扬镳，也该勇敢下定决心和比自己优秀的人打交道。

019

打磨很重要。

新事物本身是极具魔力的，比如：就算很便宜，但只要是新衣服，我们就会穿得很开心；就算要去做很辛苦的工作，但只要有新工具，我们就能打起精神。但如果一味依赖新事物的力量，即便再有创新性的想法与事物，也会很快过时，因此要在新与旧之间找到平衡点。对待现有事物，请多斟酌它们是否存在不足，是否要再下点功夫，是否要多打磨一下。无论是物品、能力还是打交道的人，“新”都不代表所有。

020

即便饭菜朴素，也要吃得丰盛。

用正确的方法淘米，注意水量及火候，才能顺利地煮出闪闪发光的白米饭。比起味噌汤的浓度，更要透过汤汁、味噌酱、配料，还原每一道菜原本的味道。即便不是招待客人，也要费心把每顿饭做得美味。诸如“只要能填饱肚子，吃什么都一样”“口味重一点儿的食物好好吃”的想法，你不觉得太过乏味吗？

021

培养慢食习惯。

吃饭是一件快乐的事，并非填饱空腹就好，因此，让我们慢慢品味吧！如果你有狼吞虎咽的习惯，请记得改正。是很急，很忙，还是饥饿难耐？一日三餐，应该不至于都这样吧。

022

下功夫是一件奢侈的事。

觉得“做饭很麻烦”所以买外卖，觉得“没有能做的事，很无聊”所以发泄不满，无论是前者还是后者，都大有人在，但我认为这样很可惜。因为只要下功夫做事，就不会觉得无聊。比如拿做果酱来说，从清洗、预备到咕嘟咕嘟炖煮，这是一段奢侈且欢乐的时光，请不要只把它当作料理看待。通常乐趣就隐藏在下功夫做事上，来一起尝试寻寻宝吧!

023

正统的西式套餐是品味日常。

从购买食材、烹饪、选择器皿到盛放好端上餐桌，这一整套才叫料理。当然也包括餐后碗盘的收拾。无论哪个步骤，都该诚心诚意地做好。或许这些你都明白，但偶尔还是可以再多叮嘱自己。从娱乐消遣到前菜、主菜的西式套餐实属豪华，然而正统的西式套餐重在品味日常。买菜、料理、选择盛放的器皿、和亲爱的家人一起享用，这是多么奢侈的一件事呀！最后，品尝完甜点，请别忘记收拾餐盘。

024

了解自己现在想吃什么。

“现在想吃什么呢？”请试着如此询问自己，因为这很重要。想吃甜的东西？想吃味重的东西？想吃蔬菜？想吃肉？可以透过这些想吃的食物，了解当时的身体状况。众所周知，身体不健康时，人就会想吃对身体不利的东西，尤其是那些垃圾食品，这或许是身体崩溃的前兆。为了了解自己，请试着询问自己想吃什么。

025

餐具必须是温的。

餐具其实就相当于手掌，听说远古时期，人就是通过手掌传递食物。既然手是有体温的，所以餐具也一定要是温热的才行。加热餐具后，把热乎乎的料理盛在上面，这时即便是很日常的意大利面或咖喱饭，也会成为丰盛的美食。至于加热餐具的方法，可以用水龙头里的热水冲洗，也可以用铁锅或水壶烧水浇淋。最后别忘记迅速擦干。此外，杯子也可采用同样的方式加热。

026

器皿决定料理。

鲁山人有这样一句名言："器皿是料理的外衣。"换言之，美味的食物会因不般配的器皿而被糟蹋。鉴于此，在做料理时，请好好思考用哪个器皿盛放。有些人认为"白色最百搭"，但其实白色器皿很难搭配，因为白色器皿品质的好坏，一眼就能分辨出来。反之，黑色及藏青色器皿即便廉价，却也很百搭。另外，有花色的器皿能给人带来不少欢乐，色彩鲜艳的碟子也很棒。总而言之，请大家多多尝试。

027

放弃现成品。

“只要有现成的，那就用现成的”的想法既不浪费又很聪明。不过，现成品能帮我们看清物件的本质吗？即便可以“模仿”，但模仿的终究不等于原创，不是吗？正如“可用现成品应急”字面所示，所谓现成品，是用来应对紧急事态的。如果平日里就用现成品敷衍了事，久而久之就会懈怠，最后说不定还会造成不是“什么都易如反掌”，而是“什么都有可能发生”的无秩序状态。

028

不是收藏，而是选择。

所谓收藏，就是乐于收集很多东西，而选择，就是乐于努力选择出一件东西。物件自然不在话下，所有的东西都要选择。比方，比起“喝什么随便”及只喝咖啡这两种行为，根据自己当日身体状况及心情，慎重选择饮品，会让饮品更美味。总之，平时请多注意斟酌选择，重视选择这件事。

029

每天确认冰箱里的东西。

请每天都确认一下冰箱里的东西吧！越是塞满东西的大冰箱，越要细致地做好确认。在清楚了解冰箱里还有什么东西的基础上，制作料理。虽然购物是一件愉悦的事，但不可能天天在上面花工夫。想要尽快决定今天的菜式，比起研究新食谱，确认冰箱里已有的东西会来得更容易些。

030

味道淡些，分量少些。

通常第一口是无法尝出味道的，借由第二口、第三口，这才开始慢慢探索出食物的滋味。如果能把味道调淡些，方可将食材本身的美味留到最后。外卖及家常菜的作料一般都会偏浓郁，虽然一口就能满足舌尖，但缺乏余味。正因如此，我才认为家庭料理清淡些好。像那种能马上尝出番茄酱味的菜，我觉得很乏味。此外，假如饭菜的分量能偏少些，不仅视觉效果好，还不会给身体带来太大负担。

031

完美无尽头，眼光需长远。

用吸尘器打扫完卫生后，再用抹布擦拭屋子的角落，去除隐蔽角落的尘埃。做完以上工作，你应该会认为“打扫得很干净完美”。可即便如此，清扫工作也仍未彻底完成。追求完美，就像是行走一段没有终点的旅程，而我们一直都还在路上。让我们做一个稍微有点啰唆，时不时质疑是否达到完美的人吧！找到需要改善的地方，以超越今日的完美为目标。当然，这些建议不仅限于清扫工作。

032

每日做个小扫除。

即便每天清扫，也有很多只有大扫除才会触及的地方。为了给大扫除减轻负担，建议大家把这些地方进行分割，每天针对分割好的部分做个小扫除。比如“今天要打扫阳台”“今天要擦拭灯罩”。如果房屋环境总能保持清洁，心情也会愉悦。通过每天清扫一处地方，带给自己心满意足的成就感。假如能长此以往坚持清扫，生活便不再需要大扫除。

033

擦桌子仪式。

擦桌子时，先用拧干的湿布擦拭，然后再用干布擦拭，最后再用另一块干布重擦一遍，如此一来，桌子才能擦干净。如只用湿布擦一遍粘在桌上的污渍，有时会导致污渍面积越擦越大。正因如此，才需要用干布擦拭，甚至擦两次。这一举动，与其说是为了擦掉污渍，不如说是擦桌子的仪式。

034

学习做客礼仪。

去餐厅用餐，有时即便表现任性也会被宽恕。但作为客人，请别忘记我们有责任维护餐厅的良好氛围。诸如好几个人不趁热吃饭，大声喧哗，不仅会让周围的客人心情不悦，还会让店家大伤脑筋。这些行为实在要不得。为了避免给人增添麻烦，请大家多学习做客礼仪，用令人赏心悦目的举止品尝美食。

035

善于察言观色。

察言观色既是成年人的乐趣，也是颇为日式的一种体贴方式。在我看来，察言观色是一种美好的礼仪，即便不用语言确认也能理解对方的意思，默默站在对方的角度思考问题。希望大家能努力做一个善于察言观色的人。如果对方不言明，比起张嘴刨根问底，体谅到对方或许现在希望自己别插手会更好些。再比方，假如旁人聊起麻烦的事，最好能见机行事主动起身离席。若能成为一个善于察言观色的人，即可在特殊场合表现出适宜的举止。

036

主动搭讪吧！

有时即便不用语言，人与人也能进行交流，正因如此，我们会在不知不觉间忘记搭讪。无论是在家、附近社区还是职场，无论有事没事、有无特别的话，都请主动和人搭讪吧！譬如“最近身体还好吗？”“真是神清气爽的好天气呀！”“最近过得怎样？”……这些客套话都可以，搭讪意味着你还惦记对方，通过搭讪，可以增进彼此间的关系。

037

谈吐清晰，一听就懂，格调优雅。

说话时，要语句通畅，声音温柔，谈吐清晰，不要卖弄知识，尽量让难懂的事一听就懂。哪怕说轻松的笑话，也要不失格调，这是成年后需要锤炼的品质。请大家随时自我检查平时说话是否散漫、粗鲁。

038

凡事具体化。

语言，是人与人之间传达信息的工具。无论是口头语还是书面语，都应该通俗易懂，通俗的窍门在于具体。就拿村上春树的小说来说，他的比喻总是写得很具体，甚至还会引用真实歌名；料理细节的处理也很具体化，给读者带来无限真实感。日本小说多数偏好描写心理活动，而外国文学更注重具体化描写。在此，建议大家说话、写文章都多尝试使用具体化的比喻。

039

注意起承转合。

和人说话，如有开头、中间，没有结尾，想必对方会摸不着头脑。当自己有想要了解的事时，也同样该按照开头、中间、结尾的顺序逐步地认识。书籍也不例外，作者通常都会遵照起承转合的规则写书，所以阅读时，我们也该开动脑筋构思这本书的框架。如说话能注意言简意赅，写文章注意通俗易懂，那你的话语及文字就会成为表达恰当的范本。

040

不论长幼，措辞要文雅。

所谓亲切，不是指“凡事都 OK”，尤其该注意的是措辞要文雅。如用词太过严谨或太过散漫失礼，都不合适。措辞需用心，不管关系多么亲密，都不能忘记带有敬意地和对方交谈。当然，这里的对方不仅限于长者。不论长幼，措辞文雅都是我们为人交友的基本。

041

遣词用句的方法。

真正成熟的人，说话时都会慎重地使用措辞。通常被信赖的人，都是守口如瓶的人。如把别人告诉你的话全都说漏了嘴，恐怕以后没有人会再信任你。尤其不要无心地夸大其词或扭曲事实。能让人放心的人，都是不到处显摆的人。即便了如指掌也默默倾听才是真正具有智慧及包容力。

042

等待时的站姿。

约会碰头时，总能看出一个人的本性，等待时的站姿更能清楚地反映当下的心情。换句话说，等待就是强迫自己稍稍忍耐。有些人会因为等待而焦躁难耐，有些人会显得疲惫不堪，有些人会坐立不安地猜测“对方是不是不来了”。正因如此，等待时站姿优美的人才显得更出色。请大家多留意自己等人时的站姿。

043

微笑传染。

无论何时，都要保持嘴角上扬。比起漂亮的口红、帅气的领带，微笑是绝佳的装饰。嘴角上扬能传达出很开心的无言信息，温暖周围的人。当你保持微笑时，对方受你感染而微笑，然后，微笑被传染给第三人、第四人。换言之，当嘴角上扬的微笑传染开时，整个世界将温馨无比。

044

寒暄即感谢。

虽然“早上好”“谢谢你”只有寥寥几个字，但它们是感动人心的寒暄语，是诚心诚意的礼仪。虽然简洁，但包含了对对方的感激之情。寒暄是不带任何意图的无心举动，它能反映人的心理状态，而心不在焉时的寒暄听上去会很空洞。请在和人会面时开心地打招呼说“你好”，在送走美好的一天时感恩地说声“再见”。

045

不说“可是”。

虽然“可是”不代表恶意，但这一癖好会招来麻烦。比如，对方告诉你“那家店不错”，而你却说“可是这家店更好”，在我看来，你之所以做出这一举动，是因为认知受到了威胁，好像完全不接受对方的意见。如果你有这样的癖好，请积极改正。优秀的人会随着年龄的增长而变得坦率，不管什么话，都会抱着一颗钦佩的心谦虚地倾听。听说有好的事物，就去勇于尝试；听说有不错的电影，就去积极观看。正因为这份坦率，收获才会越来越多。

046

不放过关怀别人的机会。

时刻思考“何谓关怀”，是加深人际关系的一大课题。然而，关怀不是一成不变的，即便摸索到某一方式，也非绝对适用。有时倾听是关怀，有时给对方独处的安静空间是关怀。所以，我们应该思考“现在这种状况怎样做才叫关怀”。当明白“对方希望这样”时，就是表现关怀的时机。只要是我们能做到的，就该抓住机会，关心对方。

047

聆听对方的意见。

与人交流，比起发言，首先应该聆听。聆听，可以拓宽各种可能性。无论是学到新知，还是取得信任，都对自己有好处。另外，善于聆听也是维护良好人际关系的一大秘诀。

048

用信件传达心意。

当今时代，邮件及即时通信给人类带来诸多便利，但不能说它们无所不能。如有要事相求，写信是任何软件都无法取代的最佳途径。首先要选择信笺，然后思考如何下笔，书写时不仅要沉浸投入，传递所思所想，还要注意不要用词不当。不过，写信道歉的话或许会给人“我毕恭毕敬写了，所以这件事到此为止”的印象。所以道歉最好是面对面低头赔礼。总之，不同场合需用不同的表达方法，请细细领悟。

049

别轻易侵犯别人的隐私。

这世上总有人不是爱干涉别人隐私，就是老提一些关于对方家庭的难以启齿的问题。对这类人而言，或许他们认为“反正关系亲密，所以刨根问底也没关系”。要说他们为何想问，其实只是想知道罢了。这纯粹只是好奇，不带恶意，却很丑陋。真正优秀的人，哪怕门开了，也不会进入，知道不能轻易侵犯别人的隐私。即便隐约看见了，也假装没看见。

050

彬彬有礼，打扮整洁。

手帕、纸巾、指甲刀，这是日本小学进行卫生检查的必备品，从十几年前到现在一直如此。长大成人后，请自己一一做好确认。比如，打扮是否整洁，头发是否凌乱过长，衣服是否不够平整，全身上下是否整齐、干净、舒爽。除此之外，有礼貌也是仪容端正的一部分。

051

注意保持安静。

成年人应该注意保持安静，如大声说话，在餐厅和饭馆会显得很粗鲁，在自助咖啡厅会显得没礼貌。咚咚咚地走路，啪嗒一下猛地关上门，哐啷一下放下杯子，诸如此类带有声响的动作都需慎重。另外，摁电梯按钮、在公共交通的自动检票机上刷卡，安静与喧哗的动作定然会给人截然不同的印象。

052

比起吸气，要多呼气。

跑马拉松疲惫不堪时，人总会不停地吸气，但疲劳时最重要的是学会呼气。当下意识地呼气，自然而然地就会吸气，如此一来，呼吸才能得到平衡。我们在日常生活中亦是如此，繁忙、紧张时，如只顾不停地吸气，会令人难受，所以疲惫、紧张时都该呼气。若能谨记这条建议，定会给你带来助益。

053

体温计是必备品。

体温计犹如护身符般重要，应该常带在身边。一旦需要，即可随时轻松测量体温。无论是体温偏高还是偏低，都能通过测量掌握健康状况，即便不去医院，也能及时照顾身体。此外，如体温正常，自己也会放心不少。总之，体温计是健康管理的必备品。

054

照镜子检视自己。

镜子可以反映现实，它有时能发现我们自己不愿承认的缺点，再加上随着年龄的增长，或许很多人变得不爱照镜子。可即便如此，为了确认是否做好了与社会打交道的准备，我们应该好好照镜子。当然，如果你在意自己的内外形象，那是好事；如果不在意，那就不妥了。

055

不要害怕变化。

有些人会对现状的变化感到恐惧，一旦习惯、关系、环境发生变化，不仅会精神紧张、长出白头发，还会身体紧绷、沮丧不安。可话说回来，如果没有变化，人只能在没有成长的环境下逐年衰老。因此，充分享受随着年龄增长而不断变化的自己吧！那些优秀的成年人，全都会享受变化。时而不违抗地享受变化、灵活应对的人才是真正出色的人。

056

找回童真。

成年后，我们会渐渐习惯做一个经验丰富、知书达理的人，这份努力很了不起。可有时随着知识经验的不断积累，人宛如裹了很多件衣服，会喘不过气来。一生中，我们总会遇到某段裸奔时刻，这时不妨脱下成年外衣，恢复童真，回忆那段单纯的岁月，比如“我喜欢这个，最怕那个，这是我的缺点”等，那里才是你正式踏上成年之路的起点。

057

分享留恋。

“有什么东西是值得我留恋的吗？”这样边思考边扪心自问，我发现答案是儿时的记忆及成长的过程，这些都是非常个人的东西。而留恋是怎样的一种感觉呢？举例而言，就是比起稀有的汤更爱味噌汤，比起奢华的菜肉蛋卷更爱日式鸡蛋卷。归根结底，所谓留恋，对象大体都是些极其普通的东西。观察自己留恋什么、坚持什么，并将这些已到手的平凡之物分享给更多的人。如此一来，人心与人心即可相连。

058

表示诚意。

请试着独自一人倒杯爱喝的饮料，坐下来，思考何谓“诚意”。在我看来，诚意可以是不图回报的竭尽全力，是不撒谎的真心实意，是单纯不虚伪的心情，也可以是即便有损失也不在意的那份纯粹。请尝试发掘属于自己的“诚意”，并向某个人展现出来，哪怕不是什么了不起的事也没关系。通过展现，相信你会慢慢明白何谓“诚意”。

059

培养深挖的习惯。

乍一看便说光滑的水煮蛋是“白色的”，其实是错的。正因为有松软热乎的蛋黄，才叫水煮蛋。无论是人还是物，若轻易下定论会显得很无趣，也很肤浅、遗憾。只追求数量寻求刺激，三心二意，结果只会是什么也学不会。所以深挖的精神非常有必要。心中存疑，踏实仔细地确认。如能养成深挖的习惯，不仅智慧越积越多，还能与他人建立丰富的人际关系。

060

不用脑，要用心。

人体开关分用脑开关和用心开关，生活中请时刻打开这两个开关。关于如何用脑，就像学习教科书上的东西，渐渐习惯后即可融会贯通。而关于如何用心，无人能传授。我的常用方法是认真观察眼前的人与物，仔细揣摩他们的心情，反复试验，不断摸索，久而久之便能总结出用心的方法。生活中的我们总在不知不觉间只顾用脑，希望大家也能下意识地用心生活。

061

明白的事与感触到的事。

“明白”是指用大脑理解；“感触”是指用心接受。明白与感触之间，重点在于平衡。如遇到大脑接受而内心却无法信赖的东西，不妨用存疑的态度看待。反之，向对方传达某件事时，不要只追求让对方明白，而要在言语间倾诉感触。

062

关于憧憬。

在这世上，没有任何动机能胜过憧憬。憧憬是人内心里那片从未被外界影响过的地方，是了解真实自己的线索。不可思议的是，当我们长大成人，儿时憧憬过的东西仍会在眼前浮现。假如当下的我们还能望着那些憧憬点头表示“啊，看来还是喜欢这个”，在我眼中这是非常温馨的一幕。

063

激情与浪漫的魅力。

即便不聪明，即便正在做的事是一件小事，即便没有名气、没有钱，长得不是特别美，但只要这个人有正能量，我也会无条件地被吸引。可能是受某种热情的影响，不知不觉就想要支援对方。这种人是拥有激情与浪漫的人。他们不会算计，信念坚定，体内的激情与浪漫与生俱来。正因如此，无论多大的梦想，他们都能实现。

064

解决麻烦是我的职责。

能从容面对生活的人通常都拥有两股力量：一股是闪避麻烦的技术，另一股是超越麻烦的能力。遇到麻烦，该使用哪股力量，由自己决定。比如目测问题不大，那就不要逃避，尽量运用超越麻烦的能力。此外，如果下定决心把想方设法解决问题当作自己的职责，即“解决麻烦是我的职责”，那或许这将成为你拥有的第三股力量。

065

不要强忍悲伤。

如果明明悲伤却假装不悲伤，人会渐渐感受不到悲伤。如果将悲伤转为愤怒发泄，那就没有那么悲伤了。悲伤，是人成长、生存过程中必不可少的感情之一，所以，请拥抱悲伤，丰富自己的感受吧！越是明白悲伤的人，越能理解他人的心情。

066

道德是因时因地该有的态度。

道德既不是强制性的原则，也不是亘古不变的东西，如用语言表述，我认为它是因时因地该有的态度，随着家庭、朋友圈、公司、社区的不同而不同。请多留意“当下的状况是基于什么样的道德”，如此一来，大家都不会凭个人喜好做出随意的言行举止，世界也会稍稍变得规范。

067

只做一件事。

一点点完成该做的事，就像拼一张时间拼图。久而久之，在所有场合，“顺便做点什么”的想法逐步增多，虽然这样效率可观，但把时间集中在一件事上的做法更能积累经验。向人传达信息时亦是如此，比起想要囊括所有的贪婪，集中传达一个信息会更高效。

068

今天是为了明天而存在。

如把每一天视作一个个散乱的点，我希望大家能把它们紧密地连接起来。连接今天和明天，是我们命中注定的工作。尽管今天非常重要，但时间不会停留在今天。今天，其实是为了明天而存在的一天，所以为了明天也能心情愉快地工作、舒适惬意地生活，必须珍惜今天。若有“今天的一切是为了明天”的想法，那做事就不会敷衍马虎。

069

有规律地生活，为睡眠做投资。

早起的秘诀是早睡，生活规律是一大重要的基本，其中的关键在于睡眠。或许年轻时通宵熬夜能扛得住，但随着年龄的增长，人会越来越吃不消。作为牺牲睡眠的代价，身体、精神、大脑都会变得难以运转，食之无味，宝贵的一整天泡汤了。为了拥有良好睡眠，请做出相应的投资，例如枕头、床单、卧室灯具及空气，既可以根据自己的喜好斟酌挑选，也可向人仔细请教。

070

清晨，在床上用一分钟制订全天计划。

睡醒睁眼，开启新的一天之前，请躺在床上根据今天的天气、自己的身心状况制订计划。当然，我们可以根据天气选择穿衣打扮，可除此之外，家庭和工作上还有无法预料的事。在床上事先收集好资料，然后输入大脑这台“超级电脑”。一旦决定“今天就这样度过”，即可准备起床。只需一分钟，我们就能制订好今天的计划。

071

思考生活节奏。

清晨，睁眼醒来，该想一想今天一天要以怎样的节奏度过。如正值下旬，还可顺带思考下个月的节奏，是扑通扑通迅速地动起来，还是像跳华尔兹一样舒适地度过。临近季节更替，可思考下一季度的生活节奏。热闹的万圣节及圣诞节前夕，可思考明年的节奏。节奏意识能让我们的日常生活变得张弛有度。

072

先尝试坚持三周。

生活中总会遇到一些新鲜的事物，例如运动、兴趣、新规则、饮食方法、早起等，如果想把这些新项目引入生活，不妨先尝试坚持三周。之所以这样建议，是因为一周有点短，两周可能还没摸清门道，三周应该能通过体验判断是否适合自己、是否真有必要、是否要继续。比起三分钟热情或逞强坚持，起初给自己设定体验期的方式更好些，更易于培养好的生活习惯。

073

享受下午茶时光。

不管多么繁忙，每天都要停下来休息一次，而最佳方式便是三点喝杯下午茶。一大早就开工的人有句说法：“上午十点、下午三点是休息喝茶的时间。”对于早起给家人做便当的家庭主妇，这也是适用的。上班族通常都是九点开始工作，所以下午三点休息一次刚刚好。停下手头工作，花上十五分钟或三十分钟喝喝饮料、吃吃点心。如能平心静气地享受下午茶，想必工作也会更努力。

074

从说谢谢开始，以说谢谢结束。

无论做什么事，都该从说谢谢开始，以说谢谢结束。开始的谢谢是为了感谢即将和你一起投入工作的伙伴，结束的谢谢是为了感谢和你一起埋头苦干完的伙伴。如果只在看到期待的成果后才说谢谢，我认为这样不够妥当。即便结果不理想、不满意，包括自己在内，参与到这件事的所有人都花费了宝贵的时间。因此，说“谢谢”这样表示感恩的话是理所当然的，它是一种一视同仁的行为。

075

不剥夺他人的时间。

时间与金钱一样珍贵。如赴约迟到、擅自决定日程、不顾他人方便、短话长说，会给对方带来有如金钱被盗的困扰。类似“自己有空，对方肯定也有空”“既然今天很快乐，就不要管时间的问题”的想法，顶多也就在学生时代会被原谅。

076

偶尔也要按兵不动。

对于刚加入队伍的新宇航员来说，不擅自行动是非常重要的纪律。首先，队伍有自己的做事方式；其次，优秀的前辈们各自都在努力完成任务。这时，如果新人干劲十足地按照自己的方式行动，会给旁人带来诸多麻烦与不便。同理，融入一段全新的人际关系时，例如搬家、跳槽、学习技艺等，请暂时低调地做个助手。视情况而定，偶尔按兵不动，多观察观察。

077

外柔内刚地面对新事物。

每个人都有自己的处事方式，但这些方法并不是绝对的。出现新工具、新秘诀、新方法、新思维方式时，请放下身段，坦率地面对。不过在面对时，不能舍弃自己的内核。换言之，如把“不动摇的自己”看作树干，那面对新事物，从中习得的新知就是嫩叶，让我们源源不断吸收新知，尽量使树干枝繁叶茂吧！

078

多给自己一点儿时间。

其实人独处的时间出乎意料地少，无论是上班族还是家庭主妇，基本上一天都在“为了谁做一些事”或“做一大堆该做的事”。应该想方设法创造一些完全属于自己的时间，哪怕一小时或三十分钟都可以。借这段时间,我们可以思考“曾经被遗忘的本心有哪些”“现在对什么感兴趣”。给自己创造独处时间的行为不是任性，而是必不可少的。

079

试着放慢脚步。

有时开车明明没什么急事，却在不经意间脚踩油门加起速来。有时听到发车铃响，人会条件反射般地跑入车内。如果你觉得这些行为是对的，那说明你已中了速度的毒。无论是当日配送的服务，还是对短时往返电车的推崇，都证明社会及世人在迅速加速，但我们不能因此就认为生活方式也该加速。人可以加速，但也要懂得减速。如果赶不上这趟巴士，那就趁等下一趟的这十五分钟时间内发发呆。在我看来，发呆的这段时间也是珍贵的。

080

提高聊天质量。

尽管苹果是红色的，但如果持续不断地聊红色一事，最后只会对苹果了解甚少。对认识事物而言，重点在于削皮后的本质。如对话仅仅停留在表面或喜恶之上，不仅没有效果，无法展开深度交流，还很浪费时间。假如喜欢，那就聊聊为何喜欢；假如讨厌，那就聊聊为何讨厌。相互交换意见、深入探讨后，重新仔细独立思考，或许能发现启示。

081

持续坚持学习。

从学校毕业后，我们也该持续坚持学习。对成年人而言，更是如此。真挚地问自己：“在当下这个环境，我还有什么不足之处？为了弥补这些不足，我该学些什么？”此外，要是能时刻思考“我今天该学点什么”，相信你的一天会过得积极向上。不管活到多少岁，都要认真思考，务实学习。

082

今天是不看屏幕日。

请一个月确定一天不看屏幕。我们每天都在面对电视、电脑、手机等各种屏幕，长此以往，生活就会被这些东西操控支配。正因为屏幕是生活必不可少的一部分，我们更应该抽空做做运动、散散步，与屏幕隔绝，找回生活中自己的平衡点。

083

在生活中多学习地方历史。

如果你生长在东京，就请了解东京的历史；在银座上班，就请了解银座的历史；住在埼玉县，就请了解埼玉县的历史。无论是北海道、冲绳，还是新宿、涩谷，希望大家都能对与自己有缘的那个地方的历史多一些兴趣，掌握当地文化习俗，好好了解这个地方的过去。如果有必要，可以去当地图书馆翻看资料，这样了解起来会更快些。

084

历史和宗教是成年人的教养。

历史和宗教作为成年人的教养，两者紧密相联，是了解人类本质的良师益友。哪怕在旅行时，多了解当地历史与宗教，想必收获也会越积越多。比起历史，宗教往往被敬而远之，但就拿《圣经》来说，它是世界上阅读量最多的书籍。无论是历史还是宗教，都是由故事组合而成的，可以通过智能手机的各类应用软件，扩大阅读量，提高自身教养。

085

回顾失败，多做检讨。

正所谓失败是成功之母，比起成功，回顾失败的收获会更多，比如从烤焦的薄饼中总结新的烹饪方法。出现误解时，好好想想造成误解的原因，培养体贴对方的好习惯，反省越多的人越幸福。

086

以成为会理财的“小气鬼”为目标。

花钱需遵循消费、浪费、投资三方面平衡的规则。投资是为今后做打算，尽管需要很长一段时间才能看见成果，但不要因此忘记投资。虽然浪费是应该避免的，不过消费也是一种学习。通过自己做功课也好，请教专业人士也罢，总之请建立自己的花钱原则吧！往往和金钱做朋友的人，都是会理财的“小气鬼”，他们请客时表现大度，但绝对不在收取手续费的 ATM 机上办理业务等。希望大家也能以成为会理财的“小气鬼”为目标，独树一帜地形成自己的流派。

087

去一趟动物园。

不带孩子、不约情人，可以的话，请尝试一个人去动物园或植物园。通过仔细眺望园内之物，训练衰退的观察力，例如观察企鹅的列队、打哈欠的长颈鹿、从未见过的南国鲜花。当然，这里的观察并不是以拍照的方式，而是通过自己的双眼，尽量把眼前事物的鲜明画像映入脑海。一旦观察力得到锻炼，即可迅速察觉生活中的危险，快速回避开。即便遇到寻求帮助但有口难言的人，也能运用敏锐的观察力对其伸出援手。

088

和汉字及字典做朋友。

考虑到方便阅读及良好的视觉效果，似乎有一种认为“平假名更好”的流派。虽说如此，但对汉字敬而远之的行为太过片面和可惜。汉字中的文字本身就具有丰富的含义，可学性高。我建议大家与汉字做朋友，勤翻字典。字典可以帮我们了解同音不同义的单词、领会如何灵活运用汉字，以及学习不认识的单词。字典是最有趣的书，也是知识最渊博的良师益友。

089

将喜好进行到底。

今后社会将需要像“御宅族”一样术业有专攻的人才，而追求如万能播放机般全能型人才的时代已经终结了。鉴于这一趋势，最好将喜好进行到底，发挥到极致。在享受乐趣的同时深入钻研，造福社会。这既是一大贡献，也是一大幸福。

090

赶时髦也没什么不好。

有些人认为到了这个年龄，只能对高品位东西保持兴趣，其他都不入流，例如穿质量好的衣服、用高级的东西、有高尚的爱好。虽然这类人很出色，但同时也很乏味。当有人说“你真是一个爱赶时髦的人呀”，请别把这句话当成毁谤，反之，把它当作是表扬自己“好奇心旺盛”的嘉奖。如果能和世人一起热衷于某件事或物，那说明你的心理年龄很年轻。不要笑话别人一大把年纪还在做什么，请卸下年龄的负担，和大家一起享乐吧！

091

拥有个人风格。

无论是日常生活、工作，还是生活方式，对所有事自始至终都秉持自己信念的人最有魅力。换言之，就是有自己的风格。不过，风格不是固定不变的，它就像到手的宝物，需要不停打磨。越是优良的风格，越能提高生活质量，还能让我们的人缘变好，更好地深入社会。

092

不轻易讨厌人。

每个人都会遇到和自己难相处的人，就像有人怕虫子一样。换言之，不论人或物，总有不擅长应对的时候，可一旦把人分到“讨厌”这个类别，就是对这个人的否定。人际关系是捉摸不定的，有时也许只是误解，有时说不定今后还会有求于对方。因此，不要断定“就是讨厌对方”。如果能克服自己的不擅长，自然也就不会轻易讨厌人。

093

不方便是理所当然的。

有些人做事很焦躁，好不容易外出一趟，却因电车晚点而发牢骚。原本要走路去的地方现在能坐电车去就已经是个奇迹了，还能按时往返，这更是奇迹。本来不方便是理所当然的，而今却因一点儿小问题而抱怨，真是愚蠢糊涂。人正因为能接受那些不如愿的事，才能产生心理上的化学反应，进而去学习、去认识、去思考、去钻研。

094

圆满的婚姻建立在美好的友谊基础上。

男女结为夫妻一起生活的话，交往前最好彼此能成为好友。因为起初双方因爱情走到一起，但婚姻生活很漫长，久而久之，那些激情会渐渐趋于平淡。这时如彼此间没有萌生友情，那关系就会越处越糟。如果把婚姻比作蛋糕，那友情便是蛋糕体，爱情则是草莓和奶油。只有蛋糕体的蛋糕尽管味道平淡，但还是蛋糕；而只有装饰的话，蛋糕便不再是蛋糕。

095

手挽手漫步的老夫妇才是最美的风景。

无论是初恋、唯美的爱情，还是命中注定的婚姻、擦肩而过的爱恋，所有男女关系中，手挽手漫步的老夫妇才是最美的风景。这种美，既不是钻石的闪耀，也不是名车的奢华，它是两个人细心打磨、相互支撑的美。

096

爱，从身边做起。

希望世界和平的寄托是美好的；云困难地区做志愿者也是美好的；为了爱与和平，无私奉献的精神是伟大的。可即便如此，千万不能忘记爱要从家人、朋友等身边人事物做起，把爱给予最亲近的人，再把那份爱投入社会乃至世界。这样的爱是发自初衷的爱，不是吗？如果不好好爱身边的人，何来把爱奉献给世界？

097

原谅的力量。

我们不仅会遇到不讲理的事，还会碰见明明没做错却被猛烈攻击的情况。这些事给我们造成难以忘怀的伤痛，但我们没法控制别人。这时，通常会有三条路摆在我们面前，分别是憎恨、反击、原谅。虽然三条路都无法治愈伤痕，也没法解决问题，但不会阻碍前行的路唯有原谅这一条。为了向前走，请选择原谅吧！

098

自己的船自己划。

就算与家人相伴，就算身为公司组织的一员，世上每个人都拥有一条自己的船，每天都在独自向前划行。假如寄希望于“谁来帮我划一下”，并撒手不管坐等支援，那你的船只会随波逐流。要记住的是，这艘船只属于你。如果把船拱手让给公司，就等同于放弃了人生的乐趣。即便有人用船拉你，最后你们很有可能连同这条船一起沉没。我们还是管好各自的小船，一同前进，这样的独立精神不可或缺。

099

为了不忘怀。

记忆是世人活过的最佳证据。仔细想想，给他人带来了多少的益处、有没有帮助到人、有没有让人感动不已。不管多么美味的料理、多么灵光的窍门，如果不与人分享，都会无比寂寞。劳动创造时，思考事情时，都请扪心自问："这个能给人带来用处吗？"以此出发做出的行动，相信总有一天会印刻在世人的记忆里。

100

重视漂亮话，以此激励自己前行。

“那只是漂亮话，现实并非如此。”有时我们会这样想，有时我们会这样说。虽然心知肚明，但漂亮话依然重要，因为它是完美的理想、美好的希望。无论是无法立即实现的梦想，还是难以攻克的课题，都可以把它们写在纸上。唯有这样，那些漂亮话才能被赋予实体，激励我们前行，直到有一天漂亮话变成现实。若只将漂亮话停留在唇间，那便意味着你只说不做，正在宣告放弃。

图书在版编目（CIP）数据

新 100 个基本：自我更新指南 /（日）松浦弥太郎著；冷婷译 .—北京：九州出版社，2022.10（2024.1 重印）
ISBN 978-7-5225-1361-4

Ⅰ．①新… Ⅱ．①松… ②冷… Ⅲ．①人生哲学－通俗读物 Ⅳ．① B821-49

中国版本图书馆 CIP 数据核字（2022）第 232853 号

版权合同登记号 图字：01-2022-6433

新 100 个基本：自我更新指南

作　　者　（日）松浦弥太郎 著　冷婷 译
责任编辑　李创娇
出版发行　九州出版社
地　　址　北京市西城区阜外大街甲 35 号（100037）
发行电话　（010）68992190/3/5/6
网　　址　www.jiuzhoupress.com
印　　刷　河北鹏润印刷有限公司
开　　本　787 毫米×1092 毫米　32 开
印　　张　13.5
字　　数　100 千字
版　　次　2022 年 10 月第 1 版
印　　次　2024 年 1 月第 2 次印刷
书　　号　ISBN 978-7-5225-1361-4
定　　价　68.00 元